宜家文化 编

最新家装
细部设计图典

THE LATEST HOME
IMPROVEMENT OF DETAIL
DESIGN

欧式

Home
Space

U0251284

中国电力出版社
CHINA ELECTRIC POWER PRESS

内容提要

　　本套书内容涵盖时下流行的多种家装设计风格，让读者可以尽情挑选自己所喜爱的风格类型。全套图书收录 3000 余例的最新设计作品，内容涉及客厅、餐厅、卧室、书房、玄关、过道、休闲区等空间，每张图片都标注了详细的装修主材和工艺方法，全方位展示家居细部空间的创意设计。

图书在版编目（CIP）数据

最新家装细部设计图典. 欧式 ／ 宜家文化编. —— 北京 ：中国电力出版社，2015.3
ISBN 978-7-5123-7137-8

Ⅰ．①最… Ⅱ．①宜… Ⅲ．①住宅－室内装修－建筑设计－图集 Ⅳ．①TU767-64

中国版本图书馆CIP数据核字(2015)第017579号

中国电力出版社出版发行
北京市东城区北京站西街19号　　100005　　http://www.cepp.sgcc.com.cn
责任编辑：曹巍　　责任印制：蔺义舟　　责任校对：王开云
北京盛通印刷股份有限公司印刷·各地新华书店经售
2015年3月第1版·第1次印刷
700mm×1000mm　1/12·11印张·215千字
定价：36.00元

目录
Contents

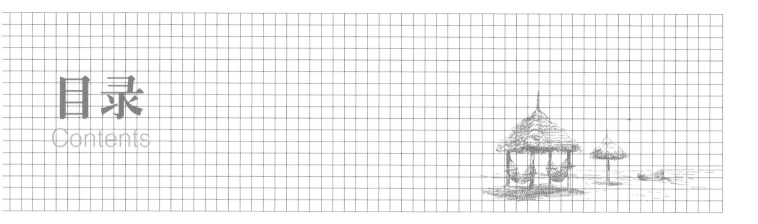

欧式客厅
Living Room

❶ 石膏浮雕　❷ 米黄大理石

❶ 石膏浮雕　❷ 实木护墙板

❶ 石膏板造型拓缝　❷ 白色护墙板

❶ 木网格刷白　❷ 彩色乳胶漆

欧式客厅的设计重点

欧式风格强调以华丽的装饰、浓烈的色彩、精美的造型达到雍容华贵的装饰效果。欧式客厅顶部常用大型灯池，用华丽的水晶吊灯营造气氛。门窗上半部多做成圆弧形，用带有花纹的石膏线勾边。入口处多竖起两根豪华的罗马柱，室内则有真正的壁炉或假的壁炉造型。墙面最好用墙纸，或选用优质乳胶漆，以烘托豪华效果。地面材料以石材或地板为佳。深色的橡木或枫木家具，色彩鲜艳的布艺沙发，还有浪漫的罗马帘，精美的油画，制作精良的雕塑工艺品，都是点缀欧式风格不可缺少的元素。

❶ 车边黑镜倒角 ❷ 大理石壁炉

❶ 大理石壁炉造型 ❷ 石膏浮雕

❶ 银箔 ❷ 大理石拼花

❶ 石膏浮雕 ❷ 大理石雕花

❶ 皮质软包　❷ 银镜磨花

❶ 灰镜　❷ 大理石倒 45°角

❶ 银镜倒角　❷ 大花白大理石装饰框

❶ 木线条造型贴金箔　❷ 大理石壁炉造型

❶ 实木雕花　❷ 墙纸

① 金箔　② 艺术浮雕

① 木线条打菱形框刷白　② 米黄大理石倒 45°角

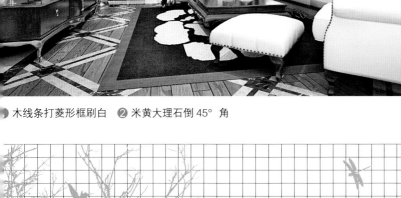

① 石膏板造型暗藏灯槽　② 大理石罗马柱

① 石膏板造型暗藏灯槽　② 大理石壁炉造型

① 石膏板造型暗藏灯槽　② 墙纸

❶ 大理石壁炉　❷ 地砖拼花

❶ 大花绿大理石倒 45° 角　❷ 灰镜雕花

❶ 艺术玻璃　❷ 透光云石

❶ 木花格　❷ 密度板雕花刷金箔漆

❶ 墙纸　❷ 布艺软包

欧式客厅如何规划功能空间

　　客厅一般可划分为会客区、视听区、娱乐区等。客厅布置应根据房屋的形状、面积和使用要求等情况作统一考虑和安排。会客区作为客厅的中心，家具的摆设和一些装饰品、果盘器具等充分利用，都能对该区域的功能完善起到重要作用。客厅家具摆设不宜过多过大，沙发以 5～6 个座位为佳，摆放可采用一字排开的形式，也可采用 U 形、L 形、圆形或对排等，要灵活多样，因地制宜，能靠窗或靠一面墙最好。由于客厅中通常要摆放的家具陈设比较多，为避免零乱，建议家具摆放时分区考虑，集中布置。

❶ 墙纸　❷ 洞石

❶ 大理石展示柜　❷ 大理石拼花

❶ 银箔　❷ 大理石拼花

❶ 墙纸　❷ 石膏板造型暗藏灯带

❶ 银镜雕花　❷ 大理石拼花

❶ 石膏板造型暗藏灯槽　❷ 仿大理石地砖斜铺

❶ 大理石罗马柱　❷ 石膏板造型暗藏灯槽

❶ 金箔　❷ 木质罗马柱

❶ 石膏浮雕　❷ 墙纸

石膏浮雕描金 ❷ 灰镜

❶ 石膏板造型　❷ 大理石罗马柱

❶ 木饰面板拼花　❷ 大理石护墙板

木网格刷白 ❷ 大理石拼花

❶ 柚木饰面板装饰凹凸造型　❷ 木质罗马柱

❶ 大理石拼花　❷ 艺术造型刷金箔漆

❶ 石膏板造型　❷ 米黄大理石倒角

❶ 茶镜磨花　❷ 马赛克拼花

❶ 银箔　❷ 大理石罗马柱

❶ 皮质软包　❷ 茶镜

欧式客厅采用金箔墙纸装饰吊顶

金箔墙纸的表面为金属材质，故此种墙纸除具备普通墙纸的特点外，还具备部分金属的特性。金箔墙纸的施工方法大体与 PVC 墙纸相同，所不同的是，金箔墙纸在商标上都注明了卷号，需按顺序施工。金箔墙纸上顶后切勿用硬质刮板直接刮擦表面，因为金箔墙纸的效果主要体现在表面的金箔光泽，在用硬质刮板刮平墙纸的同时也会破坏表面的金箔光泽，可应用清洁的海绵或干净的湿毛巾裹住刮板轻轻的抹平，以挤出气泡和多余的胶液。

❶ 硅藻泥　❷ 大花白大理石壁炉造型

❶ 马赛克拼花　❷ 砂岩浮雕

❶ 灰镜　❷ 银箔

❶ 波浪板　❷ 米黄大理石

❶ 金箔　❷ 米黄大理石

❶ 密度板雕花刷白　❷ 大理石罗马柱

❶ 米黄大理石　❷ 墙纸

❶ 布艺软包　❷ 木质护墙板套色

❶ 波浪板　❷ 大理石雕花

❶ 米黄大理石倒 45° 角　❷ 墙纸

❶ 布艺软包　❷ 银箔

❶ 茶镜　❷ 大理石罗马柱

❶ 墙纸　❷ 白色护墙板

❶ 墙纸　❷ 橡木饰面板套色

❶ 木纹砖　❷ 波浪板

❶ 大理石壁炉　❷ 金箔

❶ 大理石罗马柱　❷ 石膏板造型暗藏灯槽

❶ 彩色玻璃砖　❷ 灰镜雕花

❶ 墙纸　❷ 石膏板拓缝

欧式客厅如何选择灯具

欧式造型的灯具在细节上注重曲线造型和色泽上的富丽堂皇，有的灯还会用铁锈、黑漆等故意做出斑驳的效果，追求仿旧的感觉。在材质上，欧式灯多以树脂和铁艺为主，其中树脂灯造型多样，可有多种花纹，贴上金箔、银箔显得颜色亮丽，色泽鲜艳；铁艺灯造型相对简单，但更有质感。业主可以根据自己的需要，来选择仿古质感的造型或华丽明艳的效果。

❶ 啡网纹大理石　❷ 樱桃木饰面板拼花

❶ 布艺软包　❷ 白色护墙板

❶ 米色地砖夹黑色小砖铺贴　❷ 墙纸

❶ 烤漆玻璃　❷ 大理石拼花

❶ 银镜倒 45°角　❷ 大理石壁炉

❶ 石膏浮雕　❷ 大理石拼花

❶ 车边银镜倒角　❷ 米黄大理石

❶ 石膏浮雕喷金漆　❷ 大理石拼花

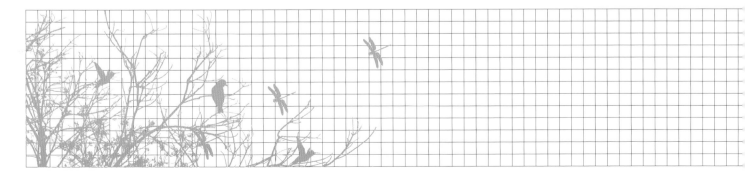

❶ 大理石雕花　❷ 石膏浮雕刷金箔漆

❶ 灰镜　❷ 金属马赛克

❶ 布艺软包　❷ 石膏板造型

❶ 石膏板造型　❷ 银镜磨花

❶ 墙纸　❷ 大理石罗马柱

❶ 石膏板造型　❷ 洞石壁炉造型

❶ 木网格刷白　❷ 白色护墙板

❶ 墙纸　❷ 木线条收口

❶ 金箔　❷ 大理石罗马柱

❶ 石膏板造型拓缝　❷ 皮质硬包

欧式客厅采用灯带装饰

LED 灯带多半会出现在客厅中的凹槽、天花板背后。它不仅能够增加照明与划分空间，还能够突出重点，形成光影趣味。这种设计既可以节省电量，也可以保护视力，还能增加几分温馨浪漫气息。不过需特别注意的是，不要购买普通的灯泡灯带，因为普通灯泡灯带功率大，温度上升快，容易引起火灾。

❶ 米黄大理石雕花　❷ 茶镜雕花

❶ 布艺软包　❷ 爵士白大理石

皮纹砖　❷ 不锈钢装饰挂件

❶ 质感艺术漆　❷ 白色护墙板

❶ 银箔　❷ 车边银镜倒角

❶ 大理石护墙板　❷ 木花格贴黑镜

❶ 金箔　❷ 大理石护墙板

❶ 木质罗马柱　❷ 白色护墙板

❶ 石膏板造型拓缝　❷ 墙纸

欧式客厅如何安装壁灯

在欧式风格的客厅里，灯饰应选择具有西方风情的造型，比如壁灯。壁灯安装高度在 1.8m 左右，略超过视平线。连接壁灯的电线要选用浅色，便于涂上与墙面颜色一致的涂料，以保持墙面的整洁。另外，可先在墙上挖一条正好嵌入电线的小槽，把电线嵌入，用石灰填平，再涂上与墙色相同的涂料。

❶ 云石大理石　❷ 车边银镜倒 45°角

❶ 墙纸　❷ 车边银镜倒 45°角

❶ 米黄大理石壁炉造型　❷ 实木护墙板

❶ 布艺软包　❷ 地砖拼花

❶ 米黄大理石倒45°角　❷ 深啡网纹大理石线条收口

❶ 银箔　❷ 大理石拼花

❶ 银箔　❷ 布艺软包

❶ 银箔　❷ 米黄大理石

❶ 布艺软包　❷ 米黄大理石倒角

欧式客厅采用线框造型装饰

古典欧式的客厅有比较多的线框造型，尽量采用直线拉框设计，再搭配纯欧式的家具，往往能取得不错的效果。欧式线条在设计上没有明确的规范标准，在市场上一般分为 PU 线条和石膏线条。PU 线条价格较高，但接缝处比较好处理；石膏线条价格比较便宜，但接缝处容易看出来。在预算允许的情况下，建议使用 PU 线条。

❶ 银箔　❷ 彩色乳胶漆

❶ 金箔　❷ 艺术墙砖

❶ 黑胡桃木饰面板　❷ 大理石护墙板

❶ 大理石线条走边　❷ 大理石壁炉造型

❶ 密度板雕花刷白　❷ 米白大理石

❶ 大理石罗马柱　❷ 艺术油画

❶ 木线条走边　❷ 石膏板造型暗藏灯槽

❶ 石膏板造型暗藏灯槽　❷ 大理石护墙板

❶ 墙纸　❷ 布艺软包

欧式客厅的沙发与靠垫如何搭配

深色沙发在搭配靠垫时，应选择颜色较浅的靠垫，并考虑选择临近色或同类色系，这样组合看起来更加协调。为了避免单调，可以选择有花纹、有变化的同类色系靠垫。这样看上去不但活泼，而且更加时尚。在选择同类色系靠垫时，要避免选择与沙发颜色过于相近的色彩，以免造成过于沉闷的效果。而有图案的靠垫往往能以其丰富的色彩起到调节的作用，增加了视觉的亲和力。

❶ 大理石壁炉　❷ 大理石护墙板

❶ 石膏浮雕　❷ 大理石雕花

❶ 大理石壁炉　❷ 大理石波打线

❶ 金箔　❷ 大理石护墙板

❶ 石膏浮雕　❷ 云石大理石

❶ 银镜　❷ 布艺软包

❶ 金箔　❷ 地砖拼花

❶ 金箔　❷ 砂岩浮雕

❶ 米黄大理石　❷ 大理石拼花

欧式客厅如何翻新真皮沙发

头层牛皮做的沙发通常比较耐用，如果要翻新的话，则造价较高。二层牛皮做的沙发翻新时，建议使用超纤皮或西皮，这一类人造皮品种多样，容易保养。由师傅上门测量尺寸，拆下原来的皮套，拿回工厂定制同尺寸的新皮套，再到业主家中安装，整个翻新费用仅为购买新沙发的1/3。

❶ 米黄大理石 ❷ 地砖拼花

❶ 密度板雕花刷白 ❷ 米黄大理石装饰凹凸背景

❶ 石膏线条造型贴金箔 ❷ 茶镜雕花

❶ 大理石壁炉 ❷ 地砖拼花

❶ 石膏浮雕　❷ 布艺软包

❶ 石膏板装饰梁　❷ 洞石

❶ 墙纸　❷ 实木线装饰套

❶ 木网格刷白　❷ 大理石罗马柱

❶ 灰镜拼菱形　❷ 陶瓷马赛克

欧式客厅适合 U 形沙发布置

　　U 形格局摆放的沙发，往往占用的空间比较大，所以使用的舒适度也相对较高，特别适合人口比较多的家庭。一般由双人或三人沙发、单人椅、茶几构成，也可以选用两把扶手椅，要注意座位和茶几之间的距离。因为 U 形格局能围合出一定的空间，所以沙发自身具有隐形隔断的作用，无形之中将客厅的边界划分出来。

❶ 木线条刷白贴银镜　❷ 浅啡网纹大理石斜铺

❶ 回纹图案波打线　❷ 石膏壁炉造型

❶ 密度板雕刻刷金箔漆　❷ 大理石罗马柱

❶ 花砖波打线　❷ 石膏线条造型

❶ 木网格刷白　❷ 墙纸

❶ 墙纸　❷ 大理石线条收口

❶ 布艺软包　❷ 米黄色墙砖

❶ 米黄大理石倒 45° 角　❷ 大理石壁炉造型

❶ 皮质软包　❷ 大理石拼花

欧式客厅制作护墙板的两种方式

　　木工现场制作的护墙板分为整体刷成白色和表面带有木纹两种款式。现场制作的护墙板和墙面融合在一起，没有缝隙，但有木料、油漆损耗。因为是现场喷漆，油漆气味会污染家居环境。定做护墙板，因需后期安装，所以多少会有一些缝隙，要用玻璃胶收边。因其为机器化生产，所以精细度更好，没有材料损耗和油漆气味。

❶ 石膏板造型拓缝　❷ 米黄大理石斜铺

❶ 彩色乳胶漆　❷ 大花白大理石

❶ 雕花黑镜　❷ 地砖拼花

❶ 黑镜　❷ 大理石壁炉造型

❶金箔　❷浅咖网纹大理石装饰凹凸造型

❶黑镜　❷洞石

❶天然大理石　❷密度板雕花刷银漆

❶布艺软包　❷黑白根大理石

❶金箔　❷布艺软包

欧式客厅采用软包装饰电视墙

软包在欧式风格的客厅中被广泛应用，可以选择的颜色很多，但是如果电视墙用了比较大胆跳跃的颜色，最好和客厅里的其他软装做呼应，比如沙发、靠包、窗帘等，这样会比较容易协调。此外，软包的边角要注意收口，收口的材料可根据不同的风格来选择，如石材、挂镜线或木线条等。

❶ 白色护墙板 ❷ 深啡网纹大理石

❶ 银箔 ❷ 皮质软包

❶ 浅啡网纹大理石倒 45° 角 ❷ 灰镜

❶ 石膏圈式浮雕 ❷ 米黄大理石夹黑镜

❶ 皮质软包 ❷ 白色护墙板

❶ 墙纸　❷ 仿石材墙砖

❶ 金箔　❷ 白色护墙板

❶ 金箔　❷ 木质罗马柱

❶ 银箔　❷ 车边银镜倒角

❶ 墙纸　❷ 木线条收口

欧式客厅如何悬挂装饰画

如果拥有足够大的挑高客厅，则可以将数幅大小不同、风格各异的装饰画铺满整面墙。当然，在挂的时候要巧花心思地将它们组合起来。可以选择大幅的人物画，中幅的风景画，不讲对称、不讲顺序地铺排，从墙顶一直到墙角。如果客厅没有挑高，但面积足够大，也可以将沙发墙变成一整幅油画，但色彩不要过于浓烈，可以根据主人的喜好挑选合适的风格。如果客厅面积较小，则可以选择一幅面积适中、但色彩较为浓烈的长幅静物油画横挂于沙发之上。

❶ 茶镜拼菱形 ❷ 米黄大理石拼花

❶ 布艺软包 ❷ 墙纸

❶ 墙纸 ❷ 石膏罗马柱

❶ 金箔 ❷ 墙纸

❶ 木线条造型刷白 ❷ 银箔

❶ 石膏浮雕　❷ 木花格贴银镜

❶ 布艺软包　❷ 魔块装饰背景

❶ 石膏线条装饰框喷金漆　❷ 布艺软包

❶ 白色护墙板　❷ 石膏壁炉

❶ 米黄大理石墙砖　❷ 墙纸

欧式客厅如何选择壁炉

　　品牌是选择壁炉时一个比较关键的因素，通常知名的品牌产品质量会比较好。建议业主最好选择欧洲的品牌，因为欧洲是壁炉的发源地，生产使用壁炉的时间较长，在壁炉的技术方面已经处于世界领先地位。还要注意选购节能性好的产品，由于壁炉需要使用整个冬季，所以若是节能效果不好，会增加很多使用成本。另外，选好壁炉配件也很关键，配件齐全的壁炉可以满足用户的各种需要，比如控温器，能够自由调节温度，方便舒适，节能环保，可以在很大程度上提高壁炉的使用质量和业主的生活品质。

❶ 布艺软包　❷ 艺术墙纸

❶ 石膏雕花线　❷ 布艺软包

❶ 金箔　❷ 墙纸

❶ 浅啡网纹大理石倒 45° 角　❷ 车边银镜倒角

❶ 木网格刷白　❷ 白色护墙板

❶ 银箔　❷ 米黄大理石斜铺

❶ 米黄大理石　❷ 茶镜磨花

❶ 黑檀木饰面板　❷ 浅啡网纹大理石斜铺

❶ 仿大理石墙砖倒 45° 角　❷ 木线条收口

❶ 砂岩浮雕　❷ 米色大理石倒角

欧式客厅如何选择罗马柱

　　罗马柱的材质一般采用汉白玉、晚霞红、米黄、黑白根、大花绿等各色优质大理石，选择时应注意颜色与室内气氛相协调即可。罗马柱一般由柱头、柱身、柱脚组成，选购时在尺寸方面需注意柱身直径要与柱高成比例。欧式罗马柱适合简洁大方的装饰风格，而带有雕塑、雕像等繁复的罗马柱则适用于比较豪华壮丽的装修风格。

❶ 石膏壁炉　❷ 白色护墙板

❶ 紫罗兰大理石倒角　❷ 强化地板

❶ 布艺软包　❷ 茶镜雕花

❶ 洞石　❷ 白色护墙板

❶ 石膏雕花线　❷ 大理石壁炉

❶ 大理石壁炉　❷ 实木半圆装饰框

❶ 实木护墙板　❷ 大理石壁炉造型

❶ 皮质软包　❷ 黑檀木饰面板

❶ 石膏浮雕　❷ 大理石波打线

❶ 银箔　❷ 深咖网纹大理石斜铺

欧式客厅如何鉴别木饰面板的质量

选购木饰面板要考虑产品的外观、材质、厚度等方面。在外观上，好的木饰面板表面平整，自然翘曲度相对较小；木材的纹理特征明显，木纹统一、自然。在材质上，好的木饰面板细致均匀，色泽美观，木纹清晰，纹理按一定规律排列，木色相近，色彩一致，无疤痕。在厚度上，通常表层木皮越厚的木饰面板质量越好。最后还要注意，饰面板是需要实木收口的，一般市场上同一种类的饰面板和实木不一定是一个颜色，所以为保证以后实木和饰面板油漆后颜色的一致性，业主一定要注意把实木收口条同饰面板一起选好。

❶ 石膏浮雕 ❷ 大理石拼花

❶ 磨砂银镜 ❷ 白色护墙板

❶ 墙纸 ❷ 大理石波打线

❶ 木纹砖斜铺 ❷ 木线条装饰框套色

❶ 石膏板装饰梁 ❷ 艺术墙纸

❶ 金箔 ❷ 密度板雕花喷金漆

❶ 木线条造型刷白 ❷ 大花白大理石

❶ 透光云石 ❷ 银镜倒 45° 角

❶ 金箔 ❷ 米黄大理石

❶ 石膏浮雕 ❷ 白色护墙板

欧式客厅如何选择天然石材的颜色

　　天然石材颜色丰富，在选购时要考虑不同颜色石材的装饰性能，也要注意其放射量指标。业主可根据自己的装饰风格来选择石材颜色，但还要注意不是颜色越鲜艳的石材越好，不同颜色的石材有不同的放射量，其中红色和绿色石材放射量最大，黑色和白色石材放射量最小，有老人或小孩的家庭要谨慎选择。

❶ 石膏浮雕　❷ 树脂雕花件喷银漆

❶ 石膏板造型　❷ 浅咖网纹大理石

❶ 石膏板造型嵌黑镜　❷ 大花白大理石

❶ 大理石壁炉造型　❷ 大理石护墙板

❶ 密度板雕花刷白贴银镜　❷ 米黄大理石倒角

❶ 木线条打菱形框刷白　❷ 米黄大理石倒 45° 角

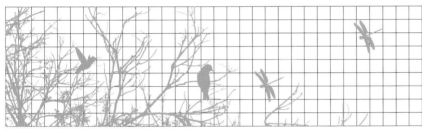

❶ 石膏板装饰梁　❷ 米黄大理石

❶ 天然大理石　❷ 石膏罗马柱

❶ 艺术墙纸　❷ 大理石波打线

❶ 大理石壁炉　❷ 实木半圆线装饰框

欧式客厅如何选择地砖颜色

　　客厅要求宽敞明亮，让人感觉放松、舒适。所以一般采用浅色的瓷砖是比较合适的，比如白色、浅米色、纯色或略带花纹均可。对卫生要求高的主人而言，选择纯色更能体现出主人的高雅，但要花费更多的时间和精力打理，因为纯色不耐脏，需要经常清洁。对那些工作繁忙、愿意把空闲时间用在休闲方面的主人来说，最好选择略带花纹或颗粒的瓷砖。

❶ 布艺软包　❷ 磨花银镜

❶ 密度板雕花刷白　❷ 皮质软包

❶ 天然大理石　❷ 装饰挂件

❶ 石膏板装饰梁　❷ 布艺软包

❶ 银箔　❷ 实木护墙板

❶ 布艺软包　❷ 米色地砖夹菱形小砖斜铺

❶ 茶镜雕花　❷ 洞石

❶ 砂岩浮雕　❷ 仿大理石墙砖斜铺

❶ 墙纸　❷ 实木半圆线装饰框

❶ 石膏浮雕　❷ 白色护墙板

欧式客厅如何选购线条类材料

　　欧式客厅常用的线条类材料主要有各种硬木线条、雕花木线条、意大利式图案装饰条、石材线条、铜线条等。普通木线条常用规格一般是 2～5m，可油漆成各种色彩和木纹本色，可进行对接拼接，可弯曲成各种弧线；雕花木线条有高档白木、榉木、栓木、枫木和橡木等材质，多用于高档欧式装饰中，价格昂贵；铜线条可用于楼梯踏步的防滑线、楼梯踏步的地毯压角线、高级家具的装饰线，也常用于地面大理石、花岗石、水磨石块面的隔线。

❶ 浅啡网纹大理石　❷ 白色护墙板

❶ 实木雕花　❷ 木质罗马柱

❶ 陶瓷马赛克　❷ 米白大理石

❶ 大理石罗马柱　❷ 大理石拼花

❶ 布艺软包　❷ 大理石线条收口

❶ 墙布 ❷ 洞石

❶ 木线条造型刷白贴金箔 ❷ 烤漆玻璃

❶ 石膏浮雕 ❷ 木线条装饰框刷白

❶ 大理石罗马柱 ❷ 大理石壁炉

❶ 浅啡网纹大理石 ❷ 饰面装饰框

欧式客厅如何确定踢脚线的尺寸

最初的踢脚线都是瓷砖踢脚线，且踢脚线高度一般都在 10cm 左右，近几年，瓷砖踢脚线的高度在逐渐降低，一般家庭选用 6.6cm 或者 7cm 的踢脚线。石材踢脚线分为低踢脚线和高踢脚线。低踢脚线高度一般为 8 ~ 10cm，高踢脚线高度一般为 15 ~ 25cm。二者相比较，低踢脚线更受欢迎。木质踢脚线可以自制，也可以购买成品，成品的木质踢脚线高度为 8cm 左右。若是密度板踢脚线，那么其高度在 7.5cm 左右。

❶ 石膏浮雕 ❷ 银箔

❶ 墙纸 ❷ 米黄色大理石斜铺

❶ 波浪板 ❷ 墙纸

❶ 石膏浮雕 ❷ 米黄大理石斜铺

❶ 车边银镜倒角 ❷ 深啡网纹大理石装饰框

欧式玄关
Vestibule

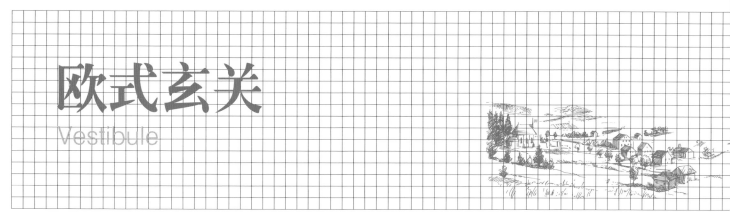

❶ 魔块装饰背景　❷ 大理石拼花

❶ 白色护墙板　❷ 啡网纹大理石拼花

❶ 石膏雕花线　❷ 大理石拼花

❶ 木线条打菱形框刷金箔漆　❷ 大理石拼花

欧式玄关如何设计照明

① 木线条造型刷白　② 砂岩浮雕

玄关一般都不会紧挨窗户，要想利用自然光来提高光感比较困难，而合理的灯光设计可以烘托出玄关明朗、温暖的氛围。玄关的照明一般比较简单，只要亮度足够，能够保证采光即可。玄关处可配置较大的吊灯或吸顶灯作主灯，再添置些射灯、壁灯、荧光灯等作辅助光源。如果运用一些光线向上照射的小型地灯作点缀，还可以令玄关的每个角落都充满光影。假如业主不喜欢暖色调的热情奔放，则可以运用冷色调的光源突显稳重、沉静之感。

① 大理石护墙　② 大理石拼花

① 金箔　② 大理石拼花

① 密度板雕花刷白贴银镜　② 木线条造型刷白

❶ 深啡网纹大理石装饰框　❷ 拼花实木地板

❶ 布艺软包　❷ 大理石拼花

❶ 大理石罗马柱　❷ 大理石拼花

❶ 银箔　❷ 地砖拼花

欧式玄关如何布置家具

如果玄关面积够大，又强调装饰效果，可以选用大一点的壁桌，让家居装饰显得更加雅致，同时还能拥有一种贵族般的富丽感。如果注重实用功能，则可以根据实际面积定做一组立式衣帽架，这样不仅能扩大收纳功能，提供更多的储藏空间，还能使业主进出门更换衣物时更加便捷，让整个家庭整洁有序。小的装饰台桌非常适合一进门对面的墙面摆放，桌面不宽，并且能倚墙而立，适合不大但讲究情调的家庭。如果在上面挂一面镜子或一幅画作，再配上一对装饰用的壁灯，效果会更好。

❶ 石膏罗马柱 ❷ 仿古砖

❶ 密度板雕花刷白 ❷ 雕花玻璃隔断

❶ 大理石罗马柱 ❷ 地砖拼花

❶ 灰镜装饰吊顶槽 ❷ 地砖拼花

❶ 地砖拼花　❷ 大理石罗马柱

❶ 墙纸　❷ 黑镜雕花

❶ 墙纸　❷ 地砖拼花

❶ 石膏雕花线　❷ 地砖拼花

欧式玄关采用拼花地板装饰地面

　　客厅铺设地板的居室中，如果条件允许，可以在玄关处选择拼花地板，形成区分。拼花地板的艺术性强，厚度和图案量身订制，做工和铺贴也比较讲究，因此造价也会更高。有的业主则将普通地板在玄关处斜铺，也可以看做是"DIY拼花地板"。如果玄关与客厅选择了完全相同的地板，则可以加铺地毯或地垫来进行区别。

❶ 木花格　❷ 大理石拼花

❶ 大理石拼花　❷ 大理石罗马柱

❶ 大理石护墙板　❷ 大理石拼花

❶ 银色质感艺术漆　❷ 地砖拼花

欧式过道
Passageway

❶ 银色质感艺术漆　❷ 铁艺护栏

❶ 大理石拼花　❷ 车边银镜倒 45° 角

❶ 石膏浮雕　❷ 大理石拼花

❶ 贝壳马赛克　❷ 大理石罗马柱

欧式过道的设计技巧

　　欧式过道的墙面上可安装一面镜子，利用反射作用会起到很好的穿透效果，消除墙壁的压抑感。也可在过道顶部安装一盏华丽复古的水晶吊灯，制造光感，给光线昏暗的过道带来一些创意。使用墙裙来装饰多门的过道也是一个不错的选择，设计美观实用，精美造型、光泽质感能够很好地衬托简欧风格。把过道两侧墙壁打造成照片墙或家庭画廊是避免单一、增添情调的有效方法。如果在过道中打造藏身于墙壁中的大型收纳柜，算是最有效地利用空间。

❶ 墙纸　❷ 亚面抛光砖

❶ 米色地砖夹黑色小砖斜铺　❷ 深啡网纹大理石踢脚线

❶ 大理石拼花　❷ 大理石罗马柱

❶ 大理石拼花　❷ 大理石罗马柱

❶ 米黄大理石斜铺倒角　❷ 大理石罗马柱

❶ 地砖拼花　❷ 深啡网纹大理石

❶ 铁艺　❷ 大理石拼花

❶ 地砖拼花　❷ 白色护墙板

❶ 密度板雕花刷白　❷ 砂岩浮雕　　　　　　　❶ 密度板雕花刷白贴银镜　❷ 地砖拼花

❶ 银箔　❷ 大理石拼花　　　　　　　　　　　❶ 石膏线条描金　❷ 白色护墙板

❶ 地砖拼花　❷ 实木护墙板

❶ 密度板雕花刷金箔漆　❷ 布艺软包

❶ 浅咖网纹大理石　❷ 洞石

❶ 马赛克拼花　❷ 饰面装饰框刷白

❶ 皮质软包　❷ 米色地砖夹黑色小砖斜铺

欧式过道如何设计台阶

    设计过道台阶要注意其宽度、坡度、踏步进深和坚固性等方面。楼梯、台阶的宽度直接关系到楼梯、台阶的使用便利性，普通家庭建议宽度达到70厘米以上即可，因为宽度过大也会降低房间的实际使用面积。坡度越平缓的楼梯、台阶越安全，但占地面积也越大，所以业主要根据室内空间、形状来设计出占地面积与坡度更合理的楼梯和台阶。楼梯、台阶的踏步进深长度与楼梯、台阶的坡度有关，坡度越缓的台阶的踏步进深就越大，使用时的舒适度也越高；最后要考虑台阶的坚固性，包括台阶的修葺、焊接的牢固性，扶手的高矮、稳固度等方面，以保证使用安全。

❶ 密度板雕花刷白　❷ 大理石拼花

❶ 白色护墙板　❷ 浅啡网纹大理石

❶ 白色护墙板　❷ 大理石拼花

❶ 密度板雕花刷白　❷ 地砖拼花

❶ 白色护墙板　❷ 爵士白大理石

❶ 木质罗马柱　❷ 石膏板造型暗藏灯槽

❶ 紫罗红大理石　❷ 地砖拼花

❶ 木网格刷白贴金箔　❷ 抛光砖夹深色小砖斜铺

❶ 墙纸　❷ 大理石护墙板

欧式过道如何利用楼梯下部空间

复式住宅和别墅的楼梯下部空间由于呈倾斜状，往往是设计的难点，有些业主把这里布置成餐厅、厨房、卧室等，其实是不大适合的，因为人在楼梯下面会很压抑，而且容易碰伤，尤其是上下楼梯的声音会让人觉得心烦。如果想利用楼梯底下的空间，不妨考虑摆放植物，发挥装饰空间的作用；或者做储物柜，扩大收纳功能；也可以将其设计成储藏室或休闲区。

❶ 金箔　❷ 地砖拼花

❶ 水曲柳饰面板套色　❷ 实木栏杆

❶ 木花格刷白　❷ 地砖拼花

❶ 布艺软包　❷ 抛光砖夹黑色小砖斜铺

欧式卧室
Bedroom

❶ 密度板雕花刷白 ❷ 布艺软包

❶ 皮质软包 ❷ 银镜倒角

❶ 密度板雕花刷白 ❷ 布艺软包

❶ 皮质软包 ❷ 墙纸

欧式卧室如何分区

　　欧式卧室的面积比较大，在进行装修设计时一定要首先做好卧室内的分区，否则在装修完毕后很容易出现大而无当的情况。建议业主根据卧室的面积、形状将卧室内空间分割为床具区、梳妆区与收纳区，有条件的话还可以在卧室内添加影视区与阅读区。大型卧室只有配合大体积、较厚重的卧室家具才更为合适。如果购买家具的预算比较宽松，建议业主多关注颜色较深的、具有较强质感和设计感的实木家具。如果在卧室中使用了金色、银色的饰品，还需要使用金色、银色装饰的家具来达成卧室风格的统一。

❶ 布艺软包　❷ 拼花实木地板

❶ 银箔　❷ 布艺软包

❶ 布艺软包　❷ 银镜磨花

❶ 水曲柳饰面板显纹刷白　❷ 墙纸

❶墙纸　❷布艺软包

❶墙纸　❷拼花实木地板

❶布艺软包　❷彩色乳胶漆

❶金箔　❷密度板雕花刷白

❶墙纸　❷皮质软包

❶ 石膏板造型 ❷ 白色护墙板

❶ 石膏浮雕 ❷ 拼花实木地板

❶ 布艺软包 ❷ 水曲柳饰面板显纹刷白

❶ 石膏浮雕 ❷ 拼花实木地板

❶ 布艺软包 ❷ 水曲柳饰面板显纹刷白

❶ 墙纸　❷ 照片组合

❶ 墙纸　❷ 樱桃木饰面板装饰框

❶ 石膏板造型暗藏灯槽　❷ 布艺软包

❶ 石膏浮雕　❷ 布艺软包

❶ 银箔　❷ 布艺软包

欧式风格卧室的设计重点

　　欧式风格卧室的四面墙以及吊顶、地面一般应以简洁、大方为主调，通常不适宜做所谓的造型设计。在颜色的选择上，尤要注意调和、含蓄，颜色种类不能过多过杂，大多数情况下为求整体和谐，而只选用一种颜色如牙白色或浅暖灰色等。简洁明快的墙面配以高十几厘米左右的木质踢脚线，既实用又颇具现代审美情调。而地面一般选择木地板或纯毛地毯。如选用地毯，还要注意图案的大小、繁简，通常选择素色无花或压花地毯较为适宜。

❶ 皮质硬包　❷ 彩色乳胶漆

金箔　❷ 布艺软包

❶ 石膏板造型刷银箔漆　❷ 布艺软包

艺术墙纸　❷ 拼花实木地板

❶ 布艺软包　❷ 墙纸

❶ 布艺软包　❷ 拼花实木地板

❶ 皮质软包　❷ 密度板雕花刷白贴银镜

❶ 杉木板吊顶刷白　❷ 拼花实木地板

❶ 金色罗马柱　❷ 布艺软包

❶ 墙纸　❷ 白色护墙板

❶ 银箔　❷ 木质罗马柱

❶ 木网格刷白　❷ 艺术墙纸

❶ 石膏板造型　❷ 布艺软包

❶ 布艺软包　❷ 墙纸

❶ 布艺软包　❷ 墙纸

❶ 布艺软包　❷ 墙纸

❶ 皮质软包　❷ 墙纸

❶ 墙纸　❷ 白色护墙板

❶ 银箔　❷ 银镜磨花

❶ 石膏板造型暗藏灯槽　❷ 不锈钢装饰条扣皮质软包

欧式卧室采用软包装饰墙面

　　柔软舒适的软包床头是睡前阅读的最佳搭档。这是一种比较传统的床头装饰法，中间软包，周边为框式木质，只需选择喜爱的布料，就能获得不错的视觉效果。这种装饰法运用于欧式风格的卧室比较多，能使整个空间和谐统一，不仅美观，也很适合睡前阅读当作靠背，舒适度很令人满意。需要注意的是，软包床头多是以织物和皮面包裹，应当用蘸有清洁剂的湿布经常擦洗，这样更健康。

❶ 杉木板吊顶套色　❷ 拼花实木地板

❶ 布艺软包　❷ 艺术墙纸

❶ 白色护墙板　❷ 拼花实木地板

❶ 墙纸　❷ 木网格

❶ 白色护墙板　❷ 皮质软包

❶ 银箔　❷ 皮质软包

❶ 墙纸　❷ 拼花实木地板

❶ 金箔　❷ 布艺软包

❶ 杉木板吊顶　❷ 墙纸

❶ 杉木板吊顶　❷ 墙纸

❶ 布艺软包　❷ 木花格贴银镜

❶ 不锈钢装饰条扣皮质软包　❷ 墙纸

❶ 木网格刷白　❷ 拼花实木地板

❶ 实木雕花贴银镜　❷ 拼花实木地板

❶ 石膏板造型暗藏灯带　❷ 墙纸

❶ 石膏浮雕　❷ 墙纸

❶ 金箔　❷ 布艺软包

❶ 木线条装饰框刷白　❷ 彩色乳胶漆

❶ 石膏雕花　❷ 拼花实木地板

欧式卧室如何摆设沙发

欧式卧室中的沙发供日常起居及会客之用，单人沙发一般都成对使用，中间放置一小茶几供放烟具茶杯之用。双人或三人沙发前要放一长方形茶几。沙发应置在近窗或照明灯具的下面，这样从沙发的位置看整个房间，感觉明亮。同时由于从沙发的位置观看整个房间的机会最多，因此应特别注意布置的美观，尽可能不使家具的侧面或床沿对着沙发。

❶ 金箔 ❷ 拼花实木地板

❶ 布艺软包 ❷ 木饰面板拼花

❶ 皮质软包 ❷ 不锈钢线条装饰框

❶ 金箔 ❷ 拼花实木地板

❶ 墙纸 ❷ 木网格刷白

❶ 金箔　❷ 柚木饰面板

❶ 布艺软包　❷ 石膏雕花

❶ 银箔　❷ 不锈钢线条装饰框

❶ 布艺软包　❷ 墙纸

❶ 墙纸　❷ 银镜磨花

欧式卧室如何布置梳妆区

因卧室类型不同，梳妆区的设计也有一定的差异。一般有以下两种情况：如果主卧室兼有专用卫浴间，那么可以将这一区域纳入卫浴间的梳洗区中，让卧室的整体空间更整齐宽敞些。如果没有专用卫浴间，则可以考虑在卧室中辟出一个由梳妆台、梳妆椅、梳妆镜组成的梳妆区。可以尝试把梳妆台与床头柜连成一体，镜面尽量不要对着床头。也可以把梳妆台摆放在墙面的夹角处，使得空间资源利用最大化。梳妆台不仅要考虑到足够的储物空间，同时也要预留插座，为使用吹风机等小电器提供便利。

❶ 墙纸 ❷ 实木护墙板

❶ 艺术墙纸 ❷ 拼花实木地板

❶ 石膏板造型暗藏灯槽 ❷ 质感艺术漆

❶ 墙纸 ❷ 饰面装饰框刷白

① 墙纸 ② 石膏板挂边

① 布艺软包 ② 密度板雕花刷白贴黑镜

① 石膏板装饰梁 ② 皮质软包

① 墙纸 ② 布艺软包

① 皮质软包 ② 墙纸

欧式卧室选择四柱床的注意事项

　　四柱床的体积比一般床铺要大，加上摆设的位置多居于卧室中央，所以要有足够的空间才能衬托出四柱床的气势。若是卧室面积小于 20m²，或楼板高度不够的话，最好还是不要使用四柱床，以免造成空间的压迫感。而且四柱床对装修风格上也有要求，一般采用古典实木家具才较为搭配。

❶ 石膏浮雕刷银箔漆　❷ 大理石罗马柱

❶ 金箔　❷ 布艺软包

❶ 石膏板造型拓黑缝　❷ 布艺软包

❶ 皮质软包　❷ 拼花实木地板

❶ 布艺软包　❷ 银镜

① 石膏板造型　② 墙纸

① 墙纸　② 石膏板造型

① 布艺软包　② 密度板雕花刷白

① 布艺软包　② 墙纸

① 金箔　② 木网格刷白

欧式卧室搬入大件家具的注意事项

欧式卧室里面一般会配有很多大件的家具，很多是可以拼装的散件，但也有些是不能现场拼装的，例如钢琴是一定要成品入室的。而这些家具上楼梯、进门都是个问题，所以需要在装修前就事先考虑好如何把它们运进来，包括门口过道的角度和尺寸都很重要，实在不行还有个办法就是从窗户进。

❶ 墙纸　❷ 布艺软包

❶ 杉木板吊顶套色　❷ 拼花实木地板

❶ 布艺软包　❷ 实木护墙板

❶ 银箔　❷ 实木护墙板

❶ 白色护墙板　❷ 镜面柜门

❶ 拼花实木地板 ❷ 金色波浪板

❶ 布艺软包 ❷ 车边银镜倒角

❶ 石膏板造型 ❷ 布艺软包

❶ 布艺软包 ❷ 拼花实木地板

❶ 墙纸 ❷ 茶镜雕花

欧式卧室如何选择衣帽架

衣帽架的颜色风格要与整体家居风格相协调，最好是与衣柜等相搭配，以免显得突兀，影响整体环境氛围。衣帽架的材质主要有木质和金属两种，木质衣帽架平衡支撑力较好，较为常用，风格古朴，适合中式风格、新古典风格等带点古韵味的家居风格。选购时要根据要挂的衣服的数量和长度来决定衣帽架的尺寸。

❶ 银箔　❷ 皮质硬包

❶ 黑镜装饰吊顶槽　❷ 白色护墙板

❶ 银箔　❷ 布艺软包

❶ 布艺软包　❷ 镂空木雕造型

❶ 柚木饰面板装饰框　❷ 拼花实木地板

❶ 石膏浮雕　❷ 拼花实木地板

❶ 金箔　❷ 皮质硬包

❶ 石膏板造型暗藏灯槽　❷ 白色护墙板

❶ 布艺软包　❷ 洞石壁炉造型

❶ 树脂雕花件喷金漆　❷ 木线条造型刷白

❶ 艺术墙纸　❷ 木线条装饰框

欧式书房
Study

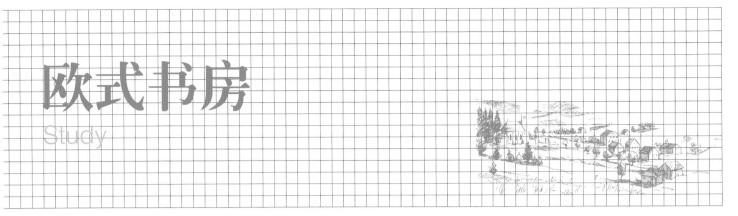

❶ 密度板雕花刷白　❷ 大花白大理石倒角

❶ 墙纸　❷ 车边银镜倒角

❶ 灰镜　❷ 樱桃木饰面板

❶ 石膏顶角线　❷ 木质踢脚线

❶ 石膏板造型　❷ 饰面装饰框刷白

❶ 大理石垭口　❷ 密度板雕花刷银漆

❶ 石膏板造型暗藏灯槽　❷ 墙纸

❶ 石膏板装饰梁　❷ 拼花实木地板

❶ 白色护墙板　❷ 地砖拼花

欧式书房如何合理安排位置

为确保书房有一个优良的阅读环境，书房应设在采光充足的南向、东南向或西南向，同时还要有一份较为安静的氛围。因此，在挑选书房在居室中的位置时，应注意如下几点：适当偏离活动区，如起居室、餐厅等，以避免干扰；远离厨房、储藏间等家务用房，以便保持清洁；与儿童房也应保持一定距离，以免儿童的喧闹影响了阅读环境；书房可以和主卧室的位置距离较近，甚至个别情况下可以将两者以套房的形式相连接。当然，书房的设置除了要考虑到以上问题外，景观、私密性等多项要求最好也能照顾到。

❶ 墙纸　❷ 仿石材地砖

❶ 石膏顶角线　❷ 墙纸

❶ 金箔　❷ 木质踢脚线

❶ 定制书柜　❷ 石膏板造型暗藏灯槽

❶ 墙纸　❷ 拼花实木地板

❶ 墙纸　❷ 定制书柜

❶ 石膏板造型暗藏灯槽　❷ 柚木饰面板

❶ 墙纸　❷ 白色护墙板

欧式书房居中摆设书桌

①石膏顶角线 ②强化地板

一些欧式别墅住宅的书房由于空间面积比较大，有些业主喜欢把造型别致的书桌摆在房间的正中位置，大方得体。随之而来的是插座网络等插口的问题，这里可设计在离书桌较近的墙面上；也可以在书桌下方铺块地毯，接线从地毯下面过；或者干脆做地插，位置不要设计在座位边上，尽量放在脚不易碰到的地方。

①石膏罗马柱 ②拼花实木地板

①石膏板挂边 ②墙纸

①墙纸 ②夹丝玻璃

❶ 布艺软包 ❷ 黑白根大理石书架　　　　❶ 木线条造型 ❷ 拼花实木地板

❶ 石膏板造型暗藏灯槽 ❷ 墙纸　　　　❶ 石膏板造型暗藏灯槽 ❷ 墙纸

欧式休闲区

Leisure Area

❶ 黑镜 　❷ 啡网纹大理石拼花

❶ 布艺软包 　❷ 吸音板

石膏板造型 　❷ 啡网纹大理石倒角

❶ 石膏线条喷金漆 　❷ 地砖拼花

❶ 石膏板造型暗藏灯槽 ❷ 墙纸

❶ 墙纸 ❷ 大理石波打线

❶ 车边银镜倒角 ❷ 墙纸

❶ 银箔 ❷ 拼花实木地板

❶ 布艺软包 ❷ 石膏板造型暗藏灯槽

欧式休闲区设计阳光房

　　顶楼的阳光房多数都会安装一个遮阳帘，用来阻挡夏天的烈日。遮阳帘有手动和电动两种，手动的操作起来有些不方便，因此最好使用电动的，即使现在不采用电动的遮阳帘，也建议在顶部预留一个插座。此外，阳光房的家具一般要考虑防晒及变形系数，一般不推荐实木家具作为休闲阳光房所用，藤质家具比较适合，但最好选用经过防腐及清油处理的家具。

❶ 银箔　❷ 布艺软包

❶ 杉木护墙板套色　❷ 皮质软包

❶ 杉木板吊顶套色　❷ 黑檀木饰面板装饰凹凸造型

❶ 石膏板造型　❷ 大理石拼花

❶ 石膏浮雕　❷ 大理石拼花

❶ 皮质软包　❷ 木线条装饰框喷金漆

❶ 深啡网纹大理石　❷ 拼花实木地板

❶ 木网格刷白贴银箔　❷ 地砖拼花

欧式休闲区设计视听室

欧式别墅的地下室因其舒适幽静，很适合做视听室。所以在设计时，选择一个宽敞的地下空间做密闭处理，再在墙面与顶部做一些隔声处理，这样能保证完美的音响效果。如此视听室也是朋友聚会、放松休闲的好去处。如果想把这个空间做的很有特色，只要顶面整体吊平顶，在吊顶内部安装光源控制器和光纤，在吊顶上打小洞，将光纤穿过来，最终完成后贴顶剪短，通电后便可做成星空顶面了。

❶ 木线条造型　❷ 大理石壁炉造型

密度板雕刻回纹图案刷白　❷ 布艺软包

❶ 石膏板造型贴手工金箔　❷ 地砖拼花

实木雕花贴银镜　❷ 地砖拼花

❶ 金箔　❷ 大理石拼花

❶ 墙纸　❷ 拼花实木地板

❶ 木网格刷白贴金箔　❷ 实木护墙板

❶ 石膏雕花线　❷ 大理石护墙板

❶ 密度板雕刻回纹造型刷银箔漆　❷ 白色护墙板

欧式休闲区设计露台

　　露台采用的一般都是户外家具，如铁艺休闲座椅。铁艺家具在选择时需要注意检查表面的漆面是否完整，因为漆面不仅起到美观作用，也能防止铁艺生锈，另外要看家具的稳定程度，不能左摇右晃。此外，在露台中摆放众多的绿色植物可以显得生机盎然，给人舒适自然的感觉，只是到了夏天会比较招蚊子，其实只要在其中增加一些驱蚊的植物即可，比如七里香、逐蝇梅、驱蚊草、夜来香和薄荷等。

❶ 布艺软包　❷ 拼花实木地板

❶ 石膏板造型　❷ 大理石拼花

❶ 大理石波打线　❷ 铁艺构花件贴银镜

❶ 硅藻泥　❷ 大理石壁炉

① 石膏圈式浮雕　② 深啡网纹大理石

① 石膏雕花线　② 布艺软包

① 石膏板造型　② 白色护墙板

① 石膏板造型暗藏灯槽　② 米黄大理石

① 车边银镜倒 45° 角　② 白色护墙板

欧式餐厅
Dining Room

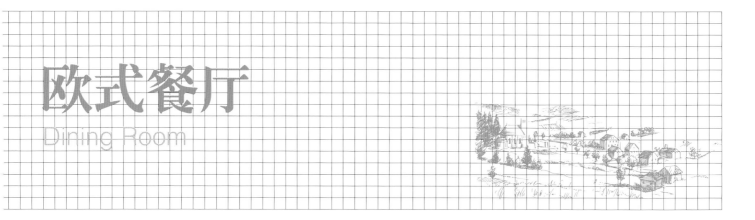

1 艺术造型贴银箔　2 大花白大理石垭口

1 米黄大理石　2 大理石波打线

1 车边银镜倒角　2 石膏线条描金

1 木饰面板拼花　2 灰镜拼菱形

❶ 黑镜　❷ 大理石拼花

❶ 石膏板造型暗藏灯槽　❷ 墙纸

❶ 石膏板造型暗藏灯槽　❷ 花砖波打线

❶ 车边银镜倒 45° 角　❷ 铆钉装饰造型

❶ 米黄大理石垭口　❷ 大理石波打线

欧式餐厅的设计重点

　　欧式风格的餐厅首先就从整体的布局构造来说，尽量采用较为规整的方式设计，而酒吧柜台则是肯定不能少的一处景致。其次就是对于色彩的选择，尽量选择一些淡雅的色彩，使用洁白的桌布，尽力营造一种高端宁静的氛围。在家具的选择上，与硬装修上的欧式细节应该是相称的，选择深色、带有西方复古图案以及非常西化的造型家具，与大的氛围和基调相和谐。

❶ 石膏板造型　❷ 地砖拼花

❶ 石膏板造型暗藏灯槽　❷ 拼花实木地板

❶ 玻璃搁板　❷ 大理石拼花

❶ 密度板雕花刷银漆贴银镜　❷ 大理石线条收口

❶ 石膏板造型暗藏灯带　❷ 马赛克线条

❶ 车边银镜倒 45° 角　❷ 米黄大理石护墙板

❶ 石膏板装饰梁贴银箔　❷ 回纹图案波打线

❶ 金箔　❷ 实木雕花

❶ 彩色乳胶漆　❷ 车边银镜倒 45° 角

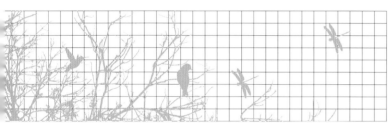

❶ 石膏板造型拓缝 ❷ 大理石波打线

❶ 强化地板 ❷ 墙纸

❶ 装饰木梁 ❷ 仿古砖

❶ 石膏板造型拓缝 ❷ 实木护墙板

❶ 双色地砖相间斜铺 ❷ 大理石罗马柱

❶ 银镜倒角　❷ 实木护墙板

❶ 茶镜　❷ 地砖拼花

❶ 斑马木饰面板　❷ 饰面装饰框刷白

❶ 墙纸　❷ 大理石拼花

❶ 银箔　❷ 银镜车边倒角

❶ 石膏板造型暗藏灯槽 ❷ 大理石拼花

艺术造型贴金箔 ❷ 大理石壁炉造型

❶ 墙纸 ❷ 大理石踢脚线

车边银镜倒 45° 角 ❷ 墙纸

❶ 车边银镜倒 45° 角 ❷ 实木护墙板

❶ 银箔　❷ 大理石波打线

❶ 透光云石　❷ 木纹大理石

❶ 金箔　❷ 布艺软包

❶ 米黄大理石倒角　❷ 墙纸

❶ 金箔　❷ 大理石拼花

欧式餐厅的家具布置

圆形或长方形大餐桌是欧式餐厅不可少的核心，椅子的软包可以尝试各种面料与花色，增加不同雅致韵味。餐桌正上方选用悬挂式灯具，因为吊灯对营造宴会的热烈气氛、美化用餐环境等起到非常重要的作用。饰品上可以选择一个石膏小天使、罗马式花瓶或者金属烛台。

❶ 墙纸　❷ 大理石波打线

❶ 石膏浮雕喷金漆　❷ 大理石拼花

❶ 白色护墙板　❷ 双色大理石相间斜铺

❶ 银箔　❷ 大理石拼花

❶ 银箔　❷ 米黄大理石倒角

❶ 灰镜　❷ 大理石线条收口

❶ 石膏板造型暗藏灯槽　❷ 墙纸

❶ 密度板雕花刷白　❷ 大理石罗马柱

❶ 墙纸　❷ 大理石拼花

❶ 大理石波打线　❷ 大理石壁炉造型

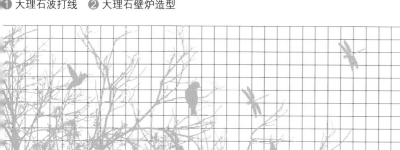

❶ 石膏板造型　❷ 米黄大理石装饰柜

❶ 密度板雕花刷白贴灰镜　❷ 布艺软包

❶ 石膏板造型暗藏灯槽　❷ 地砖拼花

❶ 石膏板造型拓缝　❷ 茶镜

① 车边茶镜倒角　② 地砖拼花

① 墙纸　② 地砖拼花

① 大理石罗马柱　② 木线条打菱形框刷白

① 烤漆玻璃倒角　② 大理石壁炉造型

① 大理石罗马柱　② 石膏板造型拓缝

① 樱桃木饰面板 ② 地砖拼花

① 金箔 ② 地砖拼花

① 石膏浮雕 ② 大理石拼花

① 车边灰镜倒 45° 角 ② 艺术玻璃

① 石膏浮雕 ② 花砖波打线

❶ 石膏板造型暗藏灯槽　❷ 大理石波打线

❶ 墙纸　❷ 大理石拼花

❶ 实木护墙板　❷ 拼花实木地板

❶ 银镜车边倒角　❷ 大理石波打线

❶ 车边银镜倒角　❷ 大理石壁炉造型

欧式餐厅如何布置灯光

灯光对就餐的气氛影响很大。欧式餐厅的照明光源不一定是灯光，烛光也可以，而且在一些特别的纪念日里还会增添气氛。平常餐桌上可以放一些烛台，作为辅助照明。另外，除了主光源以外，还可以配备一些辅助光源。比如跟烛台并排悬挂的心形彩灯饰件，上面的小灯泡在通上电之后既是装饰，也能照明。

❶ 黑镜　❷ 地砖拼花

❶ 墙布　❷ 大理石拼花

银箔　❷ 大理石拼花

❶ 灰镜　❷ 木线条装饰框

❶ 石膏板造型暗藏灯槽　❷ 亚面抛光砖斜铺

❶ 木网格刷白　❷ 车边灰镜倒 45° 角

❶ 米黄大理石倒角　❷ 地砖拼花

❶ 金箔　❷ 大理石罗马柱

❶ 银镜磨花　❷ 抛光砖夹深色小砖斜铺

● 石膏板造型暗藏灯槽　❷ 地砖拼花

● 仿古砖斜铺　❷ 大理石波打线

● 石膏板造型暗藏灯槽　❷ 地砖拼花

石膏板造型拓缝　❷ 地砖拼花

● 石膏板造型暗藏灯槽　❷ 抛光砖斜铺

❶ 质感艺术漆　❷ 车边银镜倒角

❶ 实木雕花　❷ 透光云石

❶ 墙纸　❷ 瓷砖波打线

❶ 硅藻泥　❷ 大理石波打线

❶ 银箔　❷ 米黄大理石

欧式餐厅的顶面贴金箔壁纸

　　一般欧式风格的餐厅中，无论墙面、地面、家具的配置以及水晶吊灯的使用等看上去都很豪华。但如果顶面只用乳胶漆来处理，即使用再多的石膏线条围边都会觉得很平淡。建议加上一块金箔墙纸装饰顶面，看上去就会比较有立体感，也能跟整体风格相呼应，起到画龙点睛的作用。

❶ 茶镜拼菱形　❷ 大理石罗马柱

❶ 银箔　❷ 实木护墙板

浅啡网纹大理石　❷ 实木护墙板

❶ 石膏浮雕　❷ 柚木饰面板

❶ 石膏浮雕　❷ 艺术屏风

❶ 定制展示柜　❷ 地砖拼花

❶ 灰镜拼菱形　❷ 墙纸

❶ 石膏板造型暗藏灯槽　❷ 仿大理石地砖

❶ 银箔　❷ 啡网纹大理石

❶ 银箔 ❷ 大理石罗马柱

❶ 墙纸 ❷ 大理石波打线

❶ 银箔 ❷ 地砖拼花

❶ 石膏线条装饰框刷金漆 ❷ 大理石拼花

❶ 墙纸 ❷ 大理石波打线

① 木饰面板拼花　② 浅咖网纹大理石斜铺

① 大理石罗马柱　② 地砖拼花

① 陶瓷马赛克　② 大理石波打线

① 石膏板造型暗藏灯槽　② 地砖拼花

① 密度板雕花刷白　② 银镜

欧式餐厅采用镜面玻璃装饰墙面

在餐厅的背景墙上采用镜面玻璃进行装饰是巧妙的设计手法。镜面颜色多样，也极易做出各种规格大小的式样，是一种非常不错的装饰材料，特别适合新古典风格、欧式风格家居的装修。如果餐厅空间相对较大，可适当用些雕花镜面来衬托。但如果餐厅面积在 8 ～ 12m²，镜面尽量不要做成很多造型，否则空间看起来会显得比较凌乱。

❶ 白色护墙板　❷ 石膏板造型暗藏灯槽

❶ 木线条造型刷白　❷ 车边茶镜倒角

❶ 金箔　❷ 饰面装饰框刷白

❶ 银箔　❷ 大理石护墙板

❶ 金箔　❷ 双色大理石相间斜铺

❶ 白色护墙板　❷ 大花白大理石

❶ 大理石波打线　❷ 大理石拼花

❶ 石膏板造型　❷ 木质踢脚线

❶ 石膏板造型暗藏灯槽　❷ 石膏浮雕

① 米黄大理石倒角　② 石膏板造型拓缝

① 车边茶镜倒 45° 角　② 花砖波打线

① 金箔　② 大理石罗马柱

① 黑镜夹银镜拼花　② 大理石壁炉造型

① 木网格刷白　② 大理石波打线

① 仿古砖　② 大理石波打线

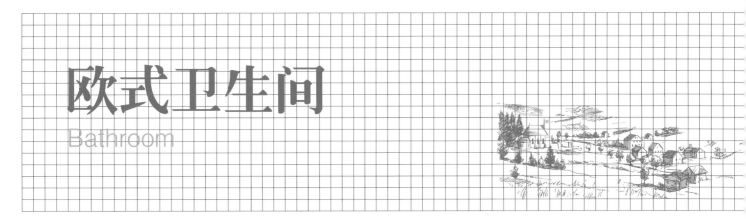

欧式卫生间
Bathroom

❶ 密度板雕花刷白　❷ 地砖拼花

❶ 仿大理石墙砖倒角　❷ 杉木板

❶ 马赛克拼花　❷ 地砖拼花

❶ 艺术墙砖　❷ 黑白根大理石

欧式卫生间的浴缸布置形式

　　浴缸布置形式有搁置式、嵌入式、半下沉式三种。搁置式即把浴缸靠墙角搁置，这种方式施工方便，容易检修，适合于在楼层地面已装修完的情况下选用。嵌入式是将浴缸嵌入台面里，台面有利于放置洗浴用品，但其占用空间较大。半下沉式是把浴缸的 1/3 埋入地面下或者埋入带台阶的高台里，浴缸在浴室地面上或台面上约为 400mm，与搁置式相比嵌入浴缸进出轻松方便，适合于老年人使用。

❶ 木线条刷白贴金箔　❷ 地砖拼花

❶ 防水石膏板造型暗藏灯槽　❷ 马赛克拼花

❶ 金箔　❷ 地砖拼花

❶ 大理石拼花　❷ 马赛克拼花

① 银箔　② 石膏雕花线

① 石膏板造型暗藏灯槽　② 双色防滑砖相间斜铺

① 大理石罗马柱　② 地砖拼花

① 米黄大理石装饰框　② 地砖拼花

① 墙纸　② 地砖拼花

欧式卫生间如何确定腰线数量

购买腰线时一般都采取按"片"计算，如果后面有小数，一般采用进一取整的方式。另外要注意的是逢弯加一，也就是最好在每面墙转弯之处多加1片腰线，因为每面墙需贴的瓷砖腰线不会是整数片。有些业主认为这面墙裁下来的半片腰线可以拼到另一面墙差的位置，但其实在实际操作上不一定行得通，因为腰线是有花纹的，要考虑拼花的效果。而且腰线形状细而长，因此在运输和施工中很容易破损，每面墙留出1片腰线是很必要的。

❶ 金箔 ❷ 马赛克拼花

❶ 石膏圈式浮雕 ❷ 仿大理石墙砖倒角

❶ 石膏板造型刷银箔漆 ❷ 马赛克拼花

❶ 金属马赛克 ❷ 砂岩浮雕

❶ 大理石线条收口　❷ 双色地砖相间斜铺　　　　　❶ 石膏板造型暗藏灯槽　❷ 地砖拼花

❶ 花砖腰线　❷ 地砖拼花　　　　❶ 金箔　❷ 大理石罗马柱　　　　❶ 银镜拼菱形　❷ 地砖拼花